夏晓飞 童行者 编著 赵 莹 绘

和孩子一起
认识
中国植物

小草

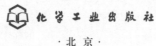

化学工业出版社

·北京·

内容简介

春天，蔷薇科的花朵你追我赶地盛放着，你知道怎样分辨桃李梅樱的花朵吗？夏天，映日荷花别样红，你知道荷花为什么能出淤泥而不染吗？秋天，层林尽染，你知道能让万山红遍的植物有哪些吗？冬天，滴水成冰，你知道植物如何御寒吗？请打开《和孩子一起认识中国植物》这套书吧，让我们与身边常见的植物做朋友，去探索植物的智慧，去感知植物的美好！

《和孩子一起认识中国植物》第一辑共3册，分别为树木、花朵、小草。每册书讲述25种在中国常见的植物，"植物科学课"带你去探索植物的生长智慧和家族秘密，"植物文化课"带你去了解植物源远流长的文化意蕴，"趣味手工课"让你去实践植物带给人们的创意，"植物观察课"带你去发现植物的花叶果根等的细节特征。和孩子一起走近植物，去观察一棵树、一朵花、一丛草，去认识粮食、蔬菜、水果，让植物激发孩子对大自然的观察兴趣、对科学的探索欲望、对生活的热爱！

图书在版编目（CIP）数据

和孩子一起认识中国植物.小草 / 夏晓飞，童行者编著．赵莹绘．—北京：化学工业出版社，2025.3.

ISBN 978-7-122-47280-9

Ⅰ．Q94-49

中国国家版本图书馆CIP数据核字第2025916QF6号

责任编辑：李彦芳　　　　　　　装帧设计：孙　沁
责任校对：李　爽

出版发行：化学工业出版社
　　　　　（北京市东城区青年湖南街13号　邮政编码100011）
印　　装：北京宝隆世纪印刷有限公司
787mm×1092mm　1/16　印张5½　字数175千字
2025年5月北京第1版第1次印刷

购书咨询：010-64518888　　　　售后服务：010-64518899
网　　址：http://www.cip.com.cn
凡购买本书，如有缺损质量问题，本社销售中心负责调换。

定　　价：50.00元

走进奇妙的植物世界

小朋友们，你们是否曾经有过这样的好奇：家门口的那棵大树叫什么名字？是不是世界上所有的花朵都有香味？小草为何能"春风吹又生"？为什么父母和老师常说盘中的食物"粒粒皆辛苦"呢？植物们是怎样"睡觉"和"吃饭"呢？

十余年来，作者一直致力于带领孩子们走到户外，走进大自然，去认识身边最常见的植物和动物，通过体验式自然探究实践课，和孩子们一起踏上充满乐趣与成就感的自然探索之旅，去感受自然世界的丰富与美妙。

"比专业更有趣，比有趣更专业"，是这套《和孩子一起认识中国植物》的编写初衷。通过有趣的植物知识，让孩子们在轻松的阅读中认识中国植物。套书共6册，分别为：树木、花朵、小草、水果、蔬菜、粮食。每一册都精选了二十余种常见且具有代表性的植物。这些植物在我国有悠久的生长历史，各自都有独特的植物科学与人文故事。书中的每一幅插画都力求准确、生动、精美，不仅能让小读者直观地观察每种植物的特征和细节，而且能提升孩子的审美力。

相信你在读完这本书后，会用全新的视角去观察身边的植物——会留意种子丰富多变的形状，能发现花朵吸引传粉者的巧思，能分辨一些看上去相似的植物到底是不是一个家族的……你一定会忍不住惊叹植物妈妈们为了生存和繁衍的奇妙智慧，会忍不住感叹植物与人们的生活原来如此息息相关，会忍不住赞叹植物带给人们如此多的创意灵感。

我为孩子们能读到如此优秀的科普书感到高兴，也真心希望小读者能常常走进大自然，在四季变化中观察真实的花草树木；去寻找书中的植物，将新知识与生活实践相结合；去感受植物的美好，爱上奇妙的大自然。

王康

国家植物园科普馆馆长

率性的草坚强
狗尾草
1

水边的窈窕
香蒲
4

最高的草
竹
8

开荒英雄马兰花
马蔺
21

向上生长的小草
葎草
24

田野中的长命菜
马齿苋
27

屋顶上的小精灵
瓦松
38

牧草之王
苜蓿
41

消炎草王
蕺菜
44

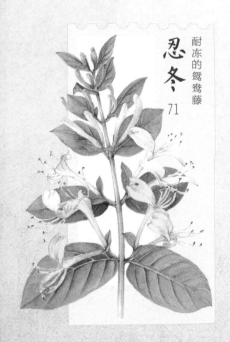

耐冻的鸳鸯藤
忍冬
71

幸运特使
白车轴草
55

有毒的刺头儿
苍耳
74

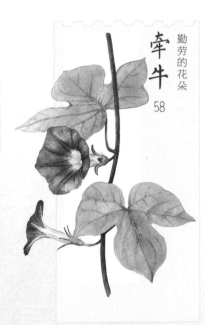

勤劳的花朵
牵牛
58

目 录

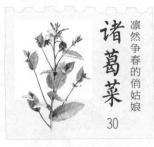

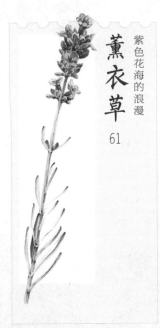

狗尾草

率性的草坚强

别名：莠、谷莠子、狗尾巴草

英文名：Green Bristlegrass

科：禾本科

花期：5~10 月

分布地区：全国各地都有分布

　　狗尾草，又名莠，是我国南北各地随处皆有的常见野草。它的花穗像极了狗的尾巴，因此得名。这种小草即使在极端的环境里，依然能坚韧地生存下来，展现出一种勇往直前、永不放弃的顽强的生命力。它毛茸茸的绿色花穗，自然弯垂，随风摇曳，好似大地上一个个跳跃的音符。

植物科学课

小米的祖先

杂粮小米，古时为五谷之一，名为粟，是非常重要的粮食作物。从商代到秦汉时期，中国人的主食并不是小麦和稻米，而是粟。莠就是粟的祖先，小米其实是驯化了的狗尾草。

旺草的两面

狗尾草耐干旱、耐贫瘠、耐盐碱，适应性非常强，生命力旺盛。它争夺水肥的能力很强，对田间庄稼来说是害草。但对牛马羊驴等牲畜来说是美味的饲料。它的远亲虎尾草长得更随意一些，其实它的"尾巴"一点也不像老虎的尾巴，更像是九尾神狐的尾巴，在基部丛生出数条毛尾，直立而并拢，好似一把把小毛刷。

狼尾草　狗尾草　虎尾草

植物文化课

任性自在 生生不息

成语"良莠不齐"中的莠就是狗尾草。狗尾草的小苗长得像禾黍，成熟时的花穗又像小米，但却结不出一点粮食，秀而不实，让人空欢喜一场。古人讨厌莠，每每提到它，还要在前面加个恶字，孔子就曾用恶莠比喻德贼。《诗经》描写了满地长满狗尾草的景象，触动了人们心底的思念之情。

诗经·齐风·甫田（节选）

无田甫田，维莠骄骄。

无思远人，劳心忉忉。

无田甫田，维莠桀桀。

无思远人，劳心怛怛。

趣味手工课

编一只狗尾草小兔

1.取两根等长、稍短的狗尾草，做兔耳朵。

2.再取一根狗尾草，把耳朵缠绕捆住，做小兔的脑袋。

3.用四根稍长的狗尾草做小兔的四肢。

4.拿一根狗尾草捆住中间，做成身体，毛茸茸的狗尾草小兔就做好了。

植物观察课

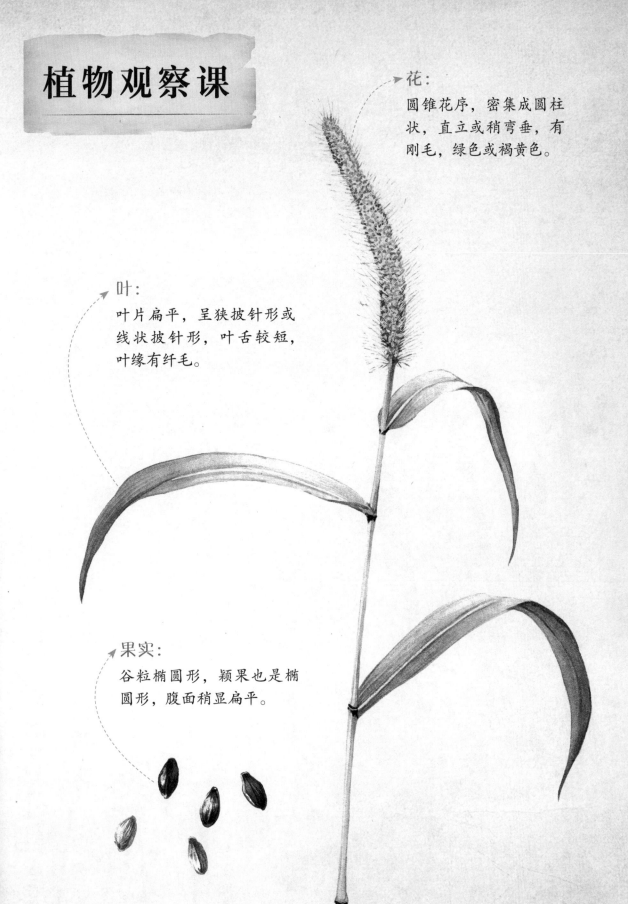

花:
圆锥花序,密集成圆柱状,直立或稍弯垂,有刚毛,绿色或褐黄色。

叶:
叶片扁平,呈狭披针形或线状披针形,叶舌较短,叶缘有纤毛。

果实:
谷粒椭圆形,颖果也是椭圆形,腹面稍显扁平。

3

香蒲

水边的窈窕

别名： 水蜡烛、蒲菜、猫尾草

英文名： Cattail

科： 香蒲科

花果期： 5~8月

分布地区： 我国各地均有分布

香蒲，带着清新的绿意，一丛丛挺立于波光水影中，独具美感。中国传统园林的水域近岸通常会种上香蒲、芦苇等，以增添一片生机盎然的清韵自然之境。炎炎夏日，孩子们可以在清凉的水岸边吹蒲棒玩；深秋初冬，成熟的蒲棒傲然挺立于水岸边，这一根根"烤肠"魅力十足，是孩子们玩耍的宝物。

植物科学课

细小又简陋的花

香蒲的花，每一朵都极为细小，没有花瓣，很多小花聚集在一起，看上去就好像一根棒槌，香蒲也因此得了蒲棒的别名。蒲棒的上半部分是由雄花聚集而成的，下半部稍微粗一些的是雌花。这么朴实的花自然吸引不来昆虫，主要靠风来传播授粉。

香蒲的多功能绒

成熟后的香蒲果实常被采摘为插花材料。实际上，那"褐色烤肠"部分是它的花序。你只要轻轻撸一下成熟后的蒲棒，就会有大量种子的绒毛爆裂分散出来。这毛茸茸的种子是野外极好的引燃物——火绒，还可以用来填充坐垫、枕芯等，塞到衣服里还能保暖。

繁盛的香蒲家族

人们日常说的香蒲，一般指的并不是植物学里的某一种植物，而是香蒲属里这一类植物的统称，包括今天常见的香蒲（东方香蒲）、狭叶香蒲、达香蒲和小香蒲等。狭叶香蒲也叫水烛，是一种形态经典的香蒲，它的雌花序更长，像一根长长的蜡烛。

挺水植物知多少？

香蒲、芦苇、菖蒲、荷花、千屈菜、慈姑，都是比较常见的挺水植物。挺水植物通常指的是那些生长在浅水区的水生植物，其根或地下茎生长在水下的底泥中，茎和叶绝大部分破水而出、挺立在水面上。

常见的挺水植物

千屈菜

菖蒲

慈姑

荷花

芦苇

能吃能用，浑身是宝

香蒲乳白色的根状茎与莲藕一样，是可以食用的。它的嫩芽被称为蒲菜或象牙菜，富含淀粉，鲜嫩爽口。它的叶片柔软坚韧，可以用来造纸、编制工艺品。又软又韧的香蒲叶还可以编制很多生活用品，除了常见的蒲扇，还可以用来编制蒲团、蒲席和蒲鞋。嫩蒲棒上的花粉就是蒲黄，可以入药，具有止血镇痛、活血消瘀的功效。

蒲扇

蒲团

坚挺窈窕 性情高洁

早在先秦时期，香蒲就被用来比喻美女，形容美女姿态窈窕，形态优雅。古人认为香蒲高洁，《周礼》记载古人用香蒲来制作祭品，表达对祖先的崇敬之意。

诗经·陈风·泽陂
彼泽之陂，有蒲与荷。
有美一人，伤如之何？
寤寐无为，涕泗滂沱。
彼泽之陂，有蒲与蕳。
有美一人，硕大且卷。
寤寐无为，中心悁悁。
彼泽之陂，有蒲菡萏。
有美一人，硕大且俨。
寤寐无为，辗转伏枕。

趣味手工课

香蒲小船

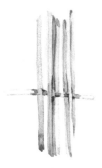

1.把叶宽基本一样的香蒲叶纵向排列好。

2.单独拿一片叶子上下交替地穿过纵向排列的叶片，用多个叶片重复这个步骤。

3.如图用线绳固定好香蒲叶，小船就做好了。

植物观察课

雌雄花序，从开花到结果一直保持着"棒子"模样，雄花序在上部，雌花序在下部。

果实：
小坚果，长椭圆形，褐色；种子褐色，微弯；晚秋初冬，成熟的"蒲棒"开裂，细小的种子就从中飞出，随风飘散。

叶：
披针状线形。

茎：
分为根状茎和地上茎。根状茎为乳白色。地上茎的下部较粗壮，向上渐细，通常可长到1.3～2米，让香蒲成为草本植物里的高个子。

7

竹

最高的草

别名：竹子
英文名：Bamboo
科：禾本科
花期：5 月
分布地区：我国黄河流域以南均有栽培

　　中国，被称为"竹子文明的国度"，是世界上竹类资源最丰富的国家。世界竹类有 70 余个属、1200 多种，我国竹类就有 39 个属、500 多种。炎炎夏日，高耸入云的翠绿竹林，带来阵阵清凉。但竹并不是树，而是和我们熟悉的水稻、芦苇同属于禾本科，拥有草本植物典型的维束管构造和生长方式，可以说是"放大版的草"。竹，以伟岸的身姿，郁郁成林，四季青翠，是我们传统文化中知名的植物。

植物科学课

竹子会开花吗？

当然，竹子会开花，只是多数种类不爱开花，它一生只开一次花，一旦开花也就预示着生命即将走向终点。它的花和水稻、小麦等其他禾本科植物一样低调，没有艳丽的花瓣，小花们聚成花穗，生长在竹枝的尽头，最显眼的就是垂露在外的那点细碎雄蕊，主要靠风力传播花粉。

竹子的芳龄几何？

如果想知道一棵树的年龄，可以观察它的年轮。但竹子并没有能体现年纪的特征，就连天天研究它的科学家也很难判断它的年龄。时至今日，如果想弄清某棵竹子的年龄，或是某个竹种的平均寿命，科学家们用的方法仍然是亲自播种，从种子发芽开始记录它的生日和年龄。竹子的平均寿命约60年。

春笋惊人的生长速度

竹笋拥有植物界最快的生长速度，在水量充足的条件下，毛竹笋一天可以生长50厘米。关于生长，竹子还有一个有趣的特点：笋有多胖，竹就有多粗。竹子的茎只有韧皮部和木质部，缺了形成层，不会像树木那样进行细胞分裂，也就不会逐年增粗。因此，竹的生长通常是一步到位，笋的粗细就是竹子长成后的粗细。

大熊猫最爱的食物

冷箭竹是我国西南山地特有的竹种，也是当地大熊猫最爱吃的一种竹子。对大熊猫来说，竹叶和嫩竹枝是最有营养的部位，远胜可口的竹笋。20世纪80年代，四川整山整片的竹子一起开花，一起枯死，可把人们急坏了。后来科学家们调查才发现，野生大熊猫们其实一点也不怕冷箭竹开花，因为它们会自觉改换口味，转去吃其他种类的竹子。

冬笋与春笋

笋是竹的幼芽，我国90%以上竹种的笋都能吃，其中产量最大、食用最广的竹笋来自毛竹。毛竹是我国南方最常见、栽培最多的种类。毛竹竹鞭上的侧芽积蓄养分，膨大变成粗壮的笋芽，藏在地下，就是我们吃到的冬笋。冬笋是毛竹的地下嫩茎。冬笋的采收时间一般在12月初到次年2月底。

严冬过后，大部分冬笋会腐烂在地里，只有少量冬笋破土而出，快速生长。春笋是竹笋的幼芽部位。冬笋只有毛竹笋，而春笋有毛竹笋、雷竹笋、早竹笋、哺鸡笋。春笋一般在3月初至4月底采收。

冬笋的笋衣为黄色；春笋的笋衣暗一些，为黄褐色，是江南地区最鲜的春味。

一家成林的孤勇者

竹子耐贫瘠，盘根错节的竹鞭和根系能固着土壤、保持水分，因此成为地质、气象灾害后生态恢复的先锋植被。竹类根的吸水和掠夺养分的能力很强，竹笋生长十分迅速，几乎没有其他树木能争得过它，因此，竹子能轻松长成一片竹海，独自支撑起独特的竹林生境。

植物文化课
铮铮铁骨 高风亮节

竹入园林，无人不识；竹入国画，与梅花、兰草、菊花联立为"四君子"，与梅花、松树共誉为"岁寒三友"；竹入诗篇，咏竹、颂竹、写竹的作品不计其数。大文豪苏东坡的一句"宁可食无肉，不可居无竹"可谓脍炙人口。扬州八怪之一的郑板桥，一生画竹无数，也留下了许多名垂千古的竹的诗句。他将竹视为君子，借竹的性质与君子的气节相呼应，建议君子应仿效竹子的坚韧，面对困境仍要保持坚韧不拔的姿态。

竹石
清·郑燮

咬定青山不放松，
立根原在破岩中。
千磨万击还坚劲，
任尔东西南北风。

植物观察课

叶：
狭披针形，叶面深绿色。

茎：
多为木质，也有草质，中间稍空，有多而密的节。

花：
像稻穗，主色为黄色。

果实：
多数竹类是禾本科常见的颖果，类似米粒的种仁被包裹在颖壳内。

芦苇

在水一方的蒹葭

别名：芦、蒹葭、千金苇

英文名：Reed

科：禾本科

花期：7 月

分布地区：我国各地均有分布，大多生长在水岸淤滩等地

芦苇是常见的古老的水生植物。《诗经》中的"蒹葭苍苍，白露为霜。所谓伊人，在水一方"，是芦苇营造出的最经典的意境。它翠绿的叶片在阳光下闪烁，好似一群低调的舞者在风中轻轻摇曳。初秋，芦苇吐出纯白、淡黄、绯红的流苏般的穗状芦花，映衬在暖阳下，别有一番趣味。我国辽东湾辽河入海处有亚洲最大的芦苇荡，秋冬时期，一人多高的无垠芦苇构成了一片金色"森林"，一望无际，令人心旷神怡。

植物科学课

天然吸管

早在1200多年前，我国就有了关于吸管的记载。杜甫曾写过"黄羊饫不膻，芦酒多还醉"，其中的"芦酒"就是用芦秆插在酒桶里吸着喝的酒。如今，苗族和羌族还保留着用竹管、芦苇秆等管状物喝酒的待客传统。

芦花姊妹花——荻花

在大片的芦苇荡中，有种植物跟芦苇长得很像，就是荻。芦苇和荻的果实都被冠以"花"的美名。芦花看上去比较散乱、坚硬，更像一个稀疏的鸡毛掸子；而荻花则柔顺如绵，好似一把拂尘。

蒹，指没长穗的芦苇。葭，指初生的芦苇。芦苇没有华丽的外表，却以其坚韧的生命力和淡雅的风姿，赢得了人们的喜爱。《蒹葭》是先秦时期的一首同名诗歌，描绘了男子对女子的思念之情，表达了人们对爱情的追求和向往。蒹葭常被用来形容秋天的景象，代表了离别和思念的怅惘之情。

诗经·秦风·蒹葭（节选）

蒹葭苍苍，白露为霜。
所谓伊人，在水一方。
溯洄从之，道阻且长。
溯游从之，宛在水中央。

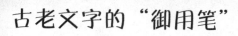

古老文字的"御用笔"

五千多年前，两河流域的苏美尔人首创文字。这些刻画在泥板上，形状像木楔的文字，就是大名鼎鼎的楔形文字。你知道苏美尔人找到的最合适的书写工具是什么吗？是芦苇笔，就是把芦苇秆削尖制成的，在黏土板上书写。用芦苇笔书写，顿笔时，自然而然留下三角形痕迹，这一个个小楔子也让"楔形文字"变得更加名副其实。

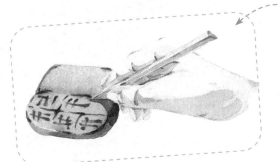

芦苇

荻花

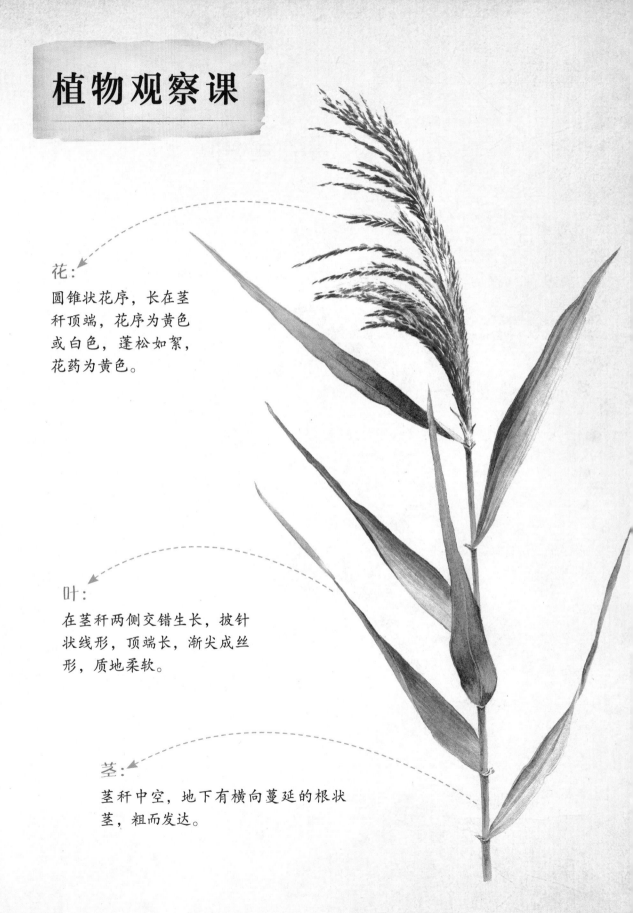

植物观察课

花：

圆锥状花序，长在茎秆顶端，花序为黄色或白色，蓬松如絮，花药为黄色。

叶：

在茎秆两侧交错生长，披针状线形，顶端长，渐尖成丝形，质地柔软。

茎：

茎秆中空，地下有横向蔓延的根状茎，粗而发达。

菖蒲

清雅闲逸的仙草

别名：白菖蒲、水剑草
英文名：Calamus
科：菖蒲科
花期：5~8 月
分布地区：我国南北各地均有分布

　　菖蒲，被称为"天下第一雅"，它清雅闲逸的气质自古就为文人雅士所喜爱，早在先秦时期就被古人作为仙草来崇拜。菖蒲生长在潮湿的水畔，叶子细长干净，是一种优雅的暗绿色，气味清香，自在高雅。春天，菖蒲先于百草而生，夏季开花，根茎芳香，是蒲草中最为昌盛的一种，由此得名"菖蒲"。如今，菖蒲仍被奉为君子，人们欣赏它青翠的幽姿，也看重它高洁的品性。

植物科学课

菖蒲开花吗？

《本草图经》记载菖蒲："春生青叶，长一二尺许，其叶中心有脊，状如剑，无花实。"先人们认为菖蒲只长叶不开花。其实菖蒲并不是不开花，只是它的花形和花色比较特别，是由许多小花聚集而成的肉穗花序，看上去并不像花，更像个玉米棒子。

芳名非独占

在日常生活中，人们提及的菖蒲不一定指的是真正的菖蒲。鸢尾科下的部分植物，同样生活在水边，具有细长扁平的剑形叶片，也获得了"菖蒲"的名号，比如鸢尾属的黄菖蒲、花菖蒲，以及唐菖蒲属的唐菖蒲（又称剑兰）。唐菖蒲更是以它艳丽的外貌，与月季、康乃馨和非洲菊成为风靡世界的"四大切花"。

案头清供的石菖蒲

石菖蒲是菖蒲的近亲，比菖蒲矮小得多。它的根状茎"一寸生有九节"，具有芳香健胃的功效。宋代，菖蒲盆景兴盛，大诗人苏东坡就非常欣赏菖蒲之美，并且潜心钻研了一套培植心得。

植物文化课

神灵香草 飘逸淡然

菖蒲生于山野河畔，默默成长，自古就被看作是"水草之精英，神仙之灵药"。《楚辞》中称："夫人自有兮美子，荪何以兮愁苦。"荪，即菖蒲，是对君王的尊称。《周礼》记载菖蒲是祭祀神明的重要物品。明末画家文震亨在《长物志》里称菖蒲为"天下第一雅"。明人王晋象在《群芳谱》中赞美菖蒲"不假日色，不资寸土，不计春秋，愈久则愈密，愈瘠则愈细"。宋人苏轼赞它"忍寒苦，安淡泊，伍清泉，侣白石"。

端午挂菖蒲

菖蒲是代表端午节的植物之一，有些地方把农历五月称为蒲月。菖蒲具有杀虫除秽的功效，又因叶形扁平，边缘锋利，人们在端午时在门窗上悬挂菖蒲叶，寓意可斩千邪；饮用菖蒲酒，祈愿祛邪疫、保平安。

植物观察课

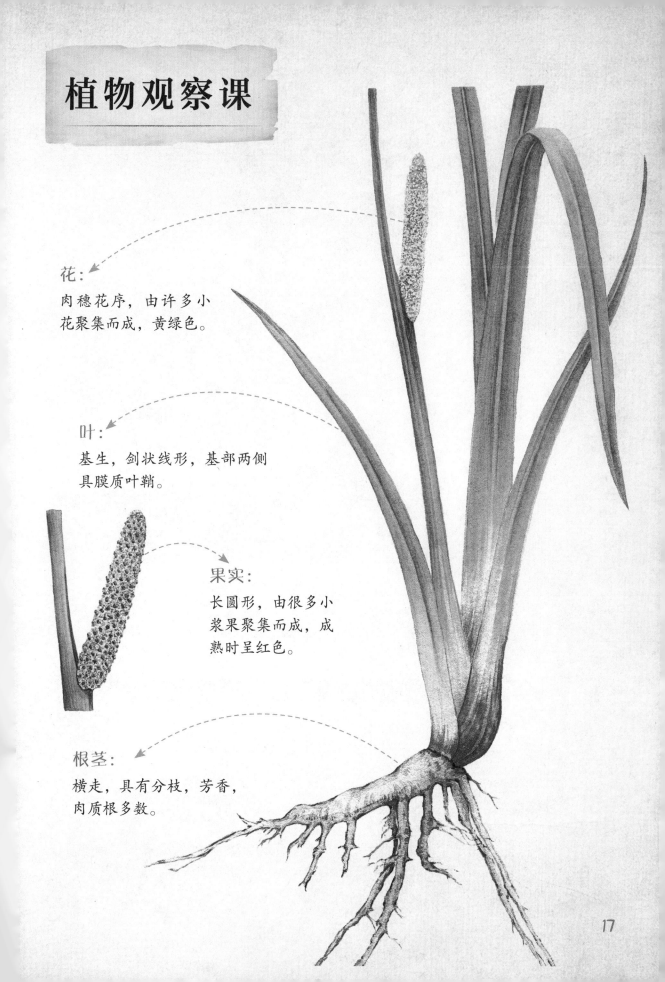

花：

肉穗花序，由许多小
花聚集而成，黄绿色。

叶：

基生，剑状线形，基部两侧
具膜质叶鞘。

果实：

长圆形，由很多小
浆果聚集而成，成
熟时呈红色。

根茎：

横走，具有分枝，芳香，
肉质根多数。

　　鸭跖草的茎叶似竹，花几乎能从春天开到秋末。它的花在清晨开放，小巧精致，蓝色的花瓣在黄色花蕊的点缀下，清新明亮，两个花瓣好像小耳朵。每当微风吹过，一对对蓝色的花瓣颤动起来，就好像许多精巧的蓝色小蝴蝶在扑扇着翅膀，美得让人驻足。

鸭跖草

蓝色蝴蝶传古今

别名：碧蝉花、蓝姑草、碧竹子、鸭抓草
英文名：Dayflower
科：鸭跖草科
花期：3~9月
分布地区：分布在我国云南、甘肃、四川以东的大部分地区

植物科学课

独特的异型雄蕊

鸭跖草的雄蕊有6枚，却有3种形态：最中间3枚并排的矮小雄蕊，上面是鲜艳的黄色花药，但没有活性，只起到"打广告"——吸引昆虫的作用，顺便给它们点儿食物。真正具有可育花药的是下面的3枚雄蕊，"神不知鬼不觉"地在昆虫访花时给它们涂抹上具有活性的花粉。当它实在等不到访客时，就使出终极大招——启动其中一枚名为O型的雄蕊，进行自花授粉。

种子异时成熟的智慧

在鸭跖草鸟嘴一样的苞片里深藏着状如蚕宝宝的果实。每枚苞片中通常结两枚果实，其中一枚会先成熟并掉落，另一枚果实五六天后才会姗姗成熟。如果先熟的种子被虫鸟吃掉，那么后来成熟的也许可以避开风险。

鸭跖草展示了种子异时成熟的特征，这是植物在种子成熟和传播上适应性进化的大智慧。

鸭跖草家族的姊妹花

鸭跖草科还有一种名叫饭包草的成员，和鸭跖草长得很像，也开着如蝴蝶一样的蓝色花。这两姊妹最显著的区别是叶子：鸭跖草的叶片窄，叶缘光滑；饭包草的叶片短宽，叶缘波浪形，饭包草因此也被叫作圆叶鸭跖草。

植物文化课

旖旎柔情 别具风情

古人喜欢把鸭跖草的花朵比作蝶蛾和幽蝉。宋朝，鸭跖草精致轻盈的小花常被才子昵称为"碧蝉花儿"。

碧蝉花
宋·杨巽斋

扬葩簌簌傍疏篱，

薄翅舒青势欲飞。

几误佳人将扇扑，

始知错认枉心机。

珍贵的蓝色染料

鸭跖草的花在清晨开放，人们通常会趁天光初亮、露水还没有退去的时候，采下它鲜嫩的花瓣，捣成汁液，制作蓝色颜料，用来绘画或染制手工艺品。其色青翠明亮，被赞为"分外一般天水色"。

鸭跖草染色技术早在唐以前就传入了日本，用来染布料或纸张，如青花纸。在日本，它有了好听的别名：露草、月草，染出来的颜色被称为露草色。露草染在日本和服的传统染色法——友禅染中扮演了重要的角色。

植物观察课

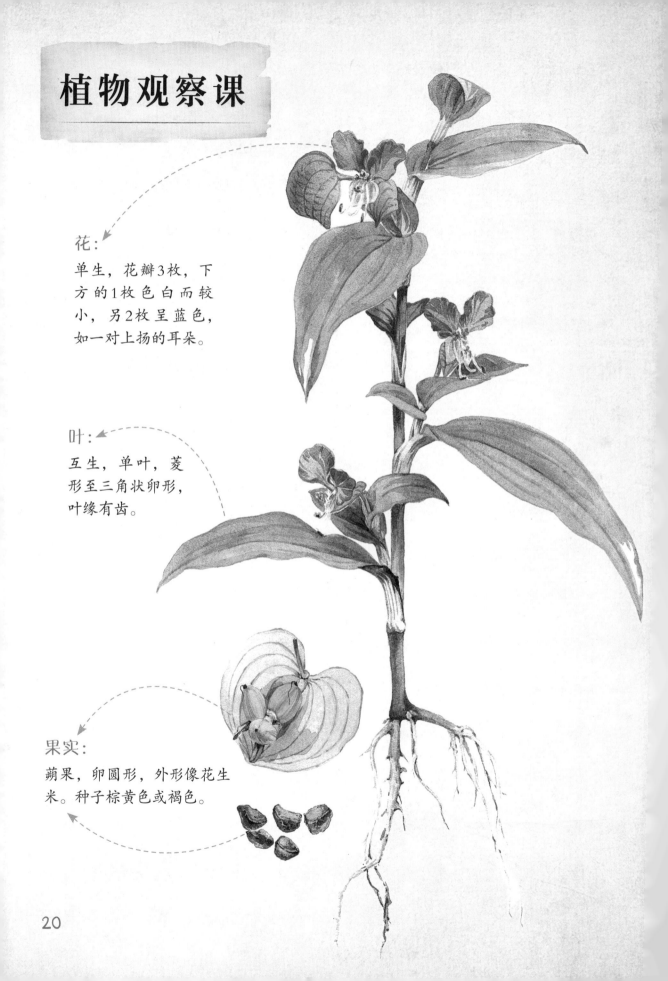

花:

单生, 花瓣3枚, 下方的1枚色白而较小, 另2枚呈蓝色, 如一对上扬的耳朵。

叶:

互生, 单叶, 菱形至三角状卵形, 叶缘有齿。

果实:

蒴果, 卵圆形, 外形像花生米。种子棕黄色或褐色。

马蔺

开荒英雄马兰花

别名: 马莲、马兰花、紫蓝草

英文名: Chinese Small Iris

科: 鸢尾科

花期: 5~6月

分布地区: 我国东北、华北、西北、华中以及华东、西南部分省区

马蔺被人们看作是生命力顽强的象征。除去冬季,它总是绿油油的,为人们送上一丛绿意。暮春初夏,一丛丛马蔺开出一朵朵蓝紫色的淡雅精致的花朵,花繁叶茂,花期长达50多天。孩子们跳皮筋时唱的歌谣"马兰开花二十一",说的正是这路边的马蔺。

植物科学课

叶子的生长智慧

马蔺的叶片直立生长，可以有效地减少水分蒸发，缓解雨水对地表的直接冲刷，有利于根部透气。在沙漠地区生长的植物都有相似的特点，为了减少水分挥发，叶片一般都演化成能储水的肉状叶，或者干脆变成针状，甚至消失。城市里的马蔺因为水分比较充足，叶子一般都比较细长。

1. 取4根粗细相当的马蔺草叶。

2. 按照图示对折，穿插。

3. 将一侧的叶子编织到另一侧。

4. 把多余的叶子修剪成鱼鳍的样子，再画上鱼眼睛。

植物文化课

清韵雅意如兰草

我国栽培种植马蔺已有两千多年的历史，屈原在《离骚》中有对它的记载。这生机盎然的野草，花开如兰、坚韧不拔，明代吴宽的《马蔺草》生动地写出了它的特点和生活习性。

马蔺草
明·吴宽

蠡蠡叶如许，丰草名可当。
花开类兰蕙，嗅之却无香。
不为人所贵，独取其根长。
为帚或为拂，用之材亦良。
根长既入土，多种河岸旁。
岸崩始不善，兰蕙亦寻常。

几近完美的水保植物

马蔺耐盐碱、耐践踏，根系发达，因此常被用来保持水土、改良水土，特别是用于我国北方气候干燥、土壤沙化地区的水土保持和盐碱地的绿化改造。像马蔺一样耐盐碱的水土保持植物，还有杨柳科的沙柳。

植物观察课

花:
蓝紫色, 花被片细长, 花瓣上有精细的条纹。

茎:
粗短的根状茎, 基部有纤维状老叶。

叶:
基生, 狭长扁平、形状如韭菜, 坚韧干涩。

果实与种子:
蒴果, 长椭圆状柱形, 顶端细长, 有6条棱。种子多, 近球形, 棕褐色。

葎草

向上生长的小草

别名： 剌剌秧、勒草、拉拉藤
英文名： Scandent Hop
科： 大麻科
花期： 春夏
分布地区： 除新疆和青海外，我国南北各省均有分布

　　葎草生命力极强，长势惊人，常常能在郊野、路边见到它肆意生长的模样。柔软细长的茎秆依附、缠绕在树干等物体上，叶形酷似爬山虎，像个绿色的手掌。密密麻麻、片片朝阳，成片的葎草郁郁葱葱、生机勃勃。

植物科学课

向上的法宝

葎草的茎秆和叶柄上都有小小的倒钩刺，逆向生长的小钩刺与树皮或墙壁产生摩擦力，牢牢地抓住攀附物，一步一步，稳稳地攀爬到树梢或墙头。若是一不小心被它的小钩刺刮伤，那真是火辣辣地疼。

啤酒花的平替

葎草所在的葎草属只有三位：葎草、滇葎草和啤酒花。啤酒花在唐代传入中国，之前叫蛇麻，是酿造啤酒必不可少的灵魂原料。原本当作防腐剂的原料，意外地给啤酒带来了独特的苦味和清爽的香气，这都得益于啤酒花苞片基部的蛇麻腺分泌的酒花树脂和酒花油。葎草像松果一样的雌花，能代替啤酒花来酿酒。

啤酒花

野草也分雌雄？

葎草是一种雌雄异株的野草，每一株都有特定的性别。一般情况下，雄性葎草在7月中下旬开花，花序为圆锥形。雌性葎草在8月中上旬开花，圆锥花序像个小松果，外面有纸质苞片层层叠叠地包裹着。

植物文化课

匍匐蔓延 繁衍不息

俗话说"伏地行百米，攀缘百丈生"，葎草疯狂肆意地蔓延生长，一株能结上万颗种子，算得上是一种进化得非常成功的物种，依靠自己的生存智慧，繁衍不息，无处不在。正因这种旺盛的生命力，它被人们称为拉拉秧。晚清植物学家吴其濬特别做歌，奉劝人们不应该憎恨或者铲除葎草，大意是：在饥荒年代，人们还靠它救命，为什么不给它一点空间，任它自由生长呢！

相彼滋蔓，浸淫堂隅。

锄而去之，乃益繁芜。

呜呼馑岁，恃此而餔。

饘斯粥斯，不螫乃腴。

何惜咫尺，广苴此徒。

吾言曷征，曰救荒书。

趣味手工课

自然胸章 DIY

把葎草的叶子贴在胸前的衣服上，就成了一枚别致的天然胸章。也可以用类似苍耳等天然带钩植物材料来拼出创意图案，组成特别的自然胸章。

植物观察课

花：
雄花小，黄绿色，圆锥花序；雌花序球果状。

叶：
对生，纸质，掌状五裂，表面有糙毛，叶缘有细齿。

果实：
瘦果，扁圆形，淡黄色，成熟时露在苞片外。

茎：
密布小细刺。

26

马齿苋

田野中的长命菜

别名： 麻绳儿菜、五行草
英文名： Purslane
科： 马齿苋科
花期： 5~8月
分布地区： 我国南北各地均有分布

　　马齿苋，一种常见的野草，生长在路边、草丛中、荒地里。李时珍认为"其叶比并如马齿，而性滑利似苋"，由此得名。其植株通常蔓延平铺在地面上，有时也能从石缝中萌出。掐断的枝条，即使在两三天后栽到土里，也能重新生根成活，生命力非常顽强，被当作绿化植物栽种。马齿苋的花通常在上午晒到太阳后才会开放。北宋的博物学家苏颂认为马齿苋"叶青、梗赤、花黄、根白、子黑"，五种颜色分别对应了五行的木、火、土、金、水，马齿苋因而又名五行草。

植物科学课

耐暑抗旱的法宝

马齿苋之所以耐酷暑、抗干旱，主要是因为它的根系粗壮发达，它的茎粗，它的肉质叶肥厚，叶片表面的蜡质还能减少水分的蒸发，这些都能帮助它有效地存储水分和营养物质，成就它顽强的特质。

马齿圈的花花草草

大花马齿苋，俗称太阳花、死不了，不怕晒，不怕旱，易成活，花色繁多，在城市花坛里常常可以看到它的身影。

马齿牡丹，又叫阔叶马齿苋，学名阔叶半枝莲，是马齿苋和大花马齿苋人工杂交而得的园艺品种，叶子和马齿苋十分相似，花更大，花形酷似牡丹，花色有红、黄、粉、白等多种色彩，还有重瓣和彩叶品种。

在我国南方海滨有一种野生的毛马齿苋，植株密被白色柔毛，花色是紫色的，虽小却艳丽可爱，在日光照射下才会盛开。

植物文化课

逆境而生 反被误解

杜甫在考察菜园后写了一首《园官送菜》，借着菜园里的野菜马齿苋来讥讽小人。马齿苋的植株肥厚，能很好地保存水分，拔出之后暴晒也不容易萎蔫，可以顽强存活，这种植物应对恶劣环境的生存之法，却被古人看作是阴气聚集，认为它不吉利，于是用马齿苋来比喻小人，实在是委屈它了。

园官送菜（节选）
唐·杜甫

苦苣刺如针，马齿叶亦繁。
青青嘉蔬色，埋没在中园。
……
又如马齿盛，气拥葵荏昏。
点染不易虞，丝麻杂罗纨。

太阳花

马齿牡丹

植物观察课

果实：
蒴果，卵球形，盖裂。种子
细小，黑色。

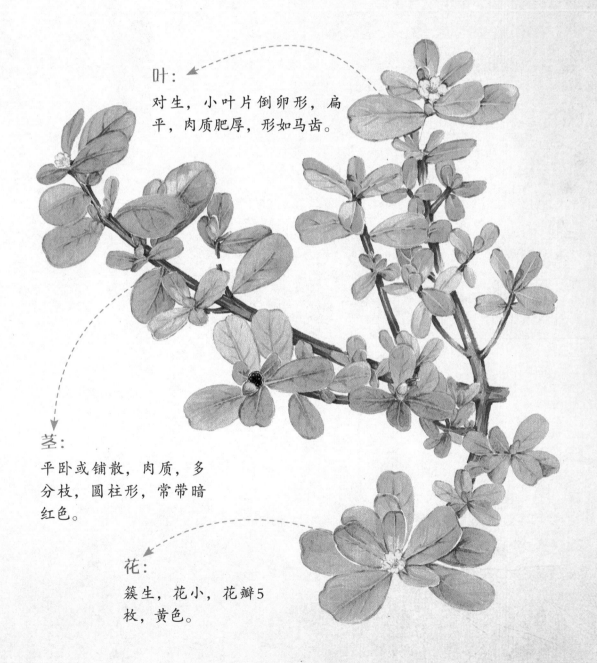

叶：
对生，小叶片倒卵形，扁
平，肉质肥厚，形如马齿。

茎：
平卧或铺散，肉质，多
分枝，圆柱形，常带暗
红色。

花：
簇生，花小，花瓣5
枚，黄色。

诸葛菜

凛然争春的俏姑娘

别名：二月蓝、紫金菜
英文名：Violet Orychophragmus
科：十字花科
花期：3~5月
分布地区：原产我国西南地区，现各地均有广泛栽培

　　诸葛菜在乍暖还寒、春风料峭之时，大地一片枯黄，便勇敢地披着梦幻蓝紫的纱裙早早登场。从江南的早春二月，到北方的五月，花期绵长的诸葛菜开遍了大江南北。这朴素的野花在大地上开出蓝、紫、粉、白多色交织的花海，如烟似霞，宣告着春天的到来。南京紫金山下就有成片的诸葛菜，南京理工大学水杉林中的诸葛菜胜景成为南京的"十大春景"之一。

植物科学课

适应环境的智慧

诸葛菜大多生长在落叶阔叶林下，由于林下的阳光非常稀疏，微弱的阳光没有办法满足它们开花结果所需要的能量，因此诸葛菜在冰雪初融的早春，赶在树叶繁茂、遮住阳光之前，成片地开花、结果，完成生长史。虽然低调，但它恰到好处地把握了时机，是位颇具智慧的花仙子。

高效传粉的总状花序

像诸葛菜这种花的个体体量比较小，聚集在一起按照某种规律组成花序的，植物学家称之为总状花序。它的特点是在一根不分枝的花序轴上，有着具有等长花柄的无数小花，下面的花先开放，逐渐往上开，给人一种不断向上生长的感觉，因此也属于无限花序。这一簇簇的小花比单生花的传粉效率高很多。

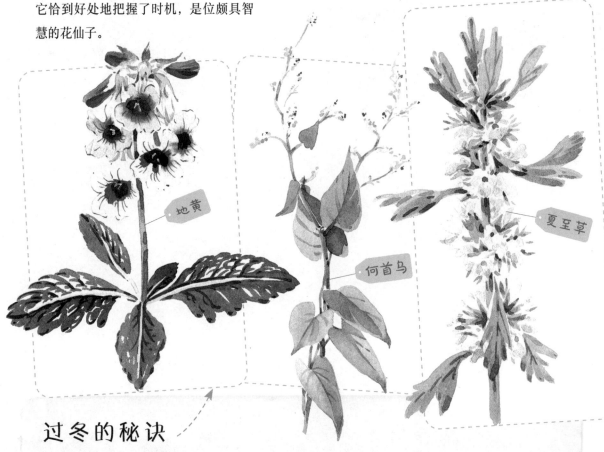

地黄

何首乌

夏至草

过冬的秘诀

虽然诸葛菜在春夏时节长得很高，但在入冬之前，它挺立的部分就会枯萎，只留下莲座叶，依靠膨大的地下根储存营养，根上也会形成冬芽，再利用地表的枯枝败叶作"棉被"，以此来度过漫漫寒冬。像夏至草、地黄、胡萝卜、甜菜、何首乌等草本植物，都拥有膨大的地下根。

十字花科的特征

诸葛菜属于十字花科，顾名思义，它的花有4枚花瓣，开放时呈现十字形。另一个重要特征便是"四强雄蕊"：在它排成两轮的6枚雄蕊里，内轮的4枚较长，外轮的2枚较短，明黄色的花蕊在蓝紫色花瓣的衬托下，格外耀眼。常见的小草独行菜，以及我们日常所吃的甘蓝、萝卜、白菜、油菜都属于十字花科这个大家族。

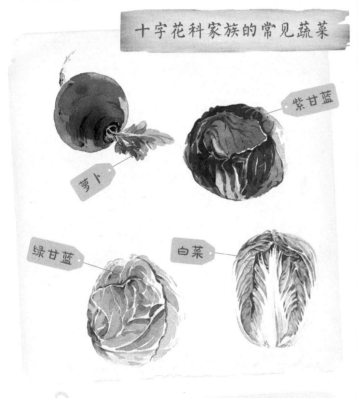

十字花科家族的常见蔬菜

紫甘蓝

萝卜

绿甘蓝

白菜

真假诸葛菜

真正的诸葛菜其实是一种常见的蔬菜——蔓菁，长得和大头菜一样。据说，刘备亲自种蔓菁，用作军粮，并受到了诸葛亮的钟爱，因此，蔓菁被称为诸葛菜。后来，诸葛菜这个名字莫名地被安在了同为十字花科，基叶也十分相像的野草二月蓝上。

植物文化课

朴素坚韧 深藏若虚

诸葛菜，北方早春最常见的野花之一。这朴素的乡土植物常以一种草根的朴素姿态出现在文学作品中。以它为主角的文学作品，最著名的莫过于季羡林的散文《二月兰》。

二月兰（节选）

季羡林

每到春天，和风一吹拂，便绽开了小花；最初只有一朵，两朵，几朵。但是一转眼，在一夜间，就能变成百朵，千朵，万朵。大有凌驾百花之上的势头了。……

宅旁，篱下，林中，山头，土坡，湖边，只要有空隙的地方，都是一团紫气，间以白雾，小花开得淋漓尽致，气势非凡，紫气直冲云霄，连宇宙都仿佛变成紫色的了。

植物观察课

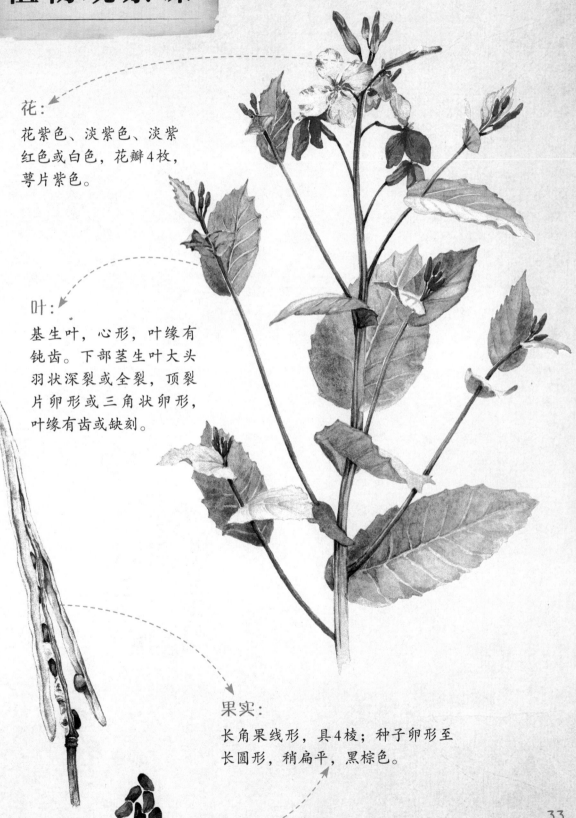

花:
花紫色、淡紫色、淡紫红色或白色，花瓣4枚，萼片紫色。

叶:
基生叶，心形，叶缘有钝齿。下部茎生叶大头羽状深裂或全裂，顶裂片卵形或三角状卵形，叶缘有齿或缺刻。

果实:
长角果线形，具4棱；种子卵形至长圆形，稍扁平，黑棕色。

荠

早春第一鲜

别名: 荠菜、荠荠菜、地米菜

英文名: Shepherd's Purse

科: 十字花科

花期: 4~6 月

分布地区: 我国各地均有分布

　　春回地暖荠先知。三月的北方，草地上一片欢腾，蒲公英、早开堇菜、诸葛菜、马蔺都蓄势待发，只待东风。只有荠，已经开完了第一轮花，结出了一串串心形的果实，好像为春天送上了一片爱意。这"四海皆有"的报春野菜，正是凭借长得早的优势，为人们奉上了早春时节的清香与鲜美，渐渐就被称为荠菜了。

植物科学课

小野草的大智慧

荠菜的每一朵花或角果的排列都暗藏着大智慧。仔细观察，你会发现每两个相邻的花或果，形成的角是137.5度，这是按黄金分割比例排列生长的。这种排列不仅形成了和谐的视觉美，而且能最大程度地减少遮挡，充分利用时间和空间，接触阳光、雨露、空气和传粉动物，尽可能地生长、多结种子。

古往今来的知名野菜

荠菜的嫩叶气味清香，风味独特，作为国人餐桌上的常客，至少有三千年历史了。大文学家、美食家苏东坡赞美荠菜为"天然之珍，虽不甘于五味，而有味外之美"。如今，不论北方的饺子，还是南方的馄饨，菜单上总少不了荠菜馅儿，这种报春野菜被人们常常想念。

以小博大的传播模范

荠的种子非常微小，每千粒种子大约是一粒大米的重量。遇到湿气，种子就会分泌黏液，这个本事让它可以搭乘各种可移动的物体去远行。对于这么小的种子来说，最合适的当然是昆虫，轻小的种子会黏附在小昆虫的身体上，等黏液干了就到达目的地了。

叶醇——春天的味道

荠菜迷人的清甜香气，也就是青草味，主要来自其中的叶醇。这种物质带有一种特殊的天然绿叶清香，刺槐、萝卜、茶、草莓也都有叶醇。正常剂量的人工叶醇经常被添加到香瓜、抹茶口味的点心中，是香精行业的明星。

三月三，戴荠花

农历三月初三，曾是我国古代重要的传统节日上巳节。宋朝时，民间有三月三戴荠菜花的风俗，认为荠菜可以祛邪防虫。"三春戴荠花，桃李羞繁华"，古朴的民俗渐渐演变成了对荠菜的尊崇，人们认为应该顺应时令，在春季食用荠菜，在江南至今仍流行着"三月三，荠菜花煮鸡蛋"的习俗。

趣味手工课
荠菜拨浪鼓

荠菜结了种子之后，可以把它的种荚轻轻向下拉，用两只手前后搓动，它就会像拨浪鼓一样，发出好玩的"咔嗒咔嗒"的声音。

植物文化课
质朴可爱 鲜美宜人

细叶碎花的荠菜早在三千年前就出现在《诗经》中，"谁谓荼苦，其甘如荠"。荠菜不惧霜寒、顽强报春的精神和品节被诗人歌咏，甚至把它和坚韧挺拔的松竹并列，寄托书写自己志存高远的初衷。陆游是荠菜的铁杆粉丝，不仅潜心钻研荠菜的各种烹饪方法，还写下了大量咏荠的诗句，如"残雪初消荠满园，糁羹珍美胜羔豚"，甚至到了"日日思归饱蕨薇，春来荠美忽忘归"的痴迷程度。

鹧鸪天·代人赋
宋·辛弃疾
陌上柔桑破嫩芽，
东邻蚕种已生些。
平冈细草鸣黄犊，
斜日寒林点暮鸦。
山远近，路横斜，
青旗沽酒有人家。
城中桃李愁风雨，
春在溪头荠菜花。

植物观察课

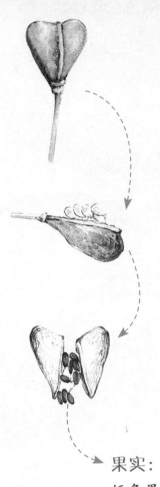

果实:
短角果，倒心状三角形，顶端微凹。种子长椭圆形，浅褐色。

叶:
基生叶丛生呈莲座状。茎生叶互生，叶缘有齿裂。

瓦松

屋顶上的小精灵

别名：瓦花、瓦塔、向天草
英文名：Fimbriate Orostachys
科：景天科
花期：8~9月
分布地区：分布在我国东北、华北、西北以及华中、华东部分省区

瓦松，虽然是野草，却得了松名。形状酷似莲花，因它植株形如松果，层层叠叠，尤其远望时隐约如松栽，由此得名瓦松，是原产于我国的一种多肉植物。

植物科学课

两岁一枯荣

瓦松为二年生植物。初生第一年，仅有数枚叶片聚集成莲花状，积蓄养分；深秋，中心会长出细密的休眠叶，冬天一到就休眠了。第二年春天苏醒后，开始长高，入秋后花蕾挺立如塔，开出无数小花，待结出果实后，整个植株便死去。基部生出的侧芽则开始新一轮的生命周期。

园艺新宠

瓦松和它的近亲种类钝叶瓦松，狼爪瓦松，都是地道原生的多肉植物。近几年，随着多肉植物日益为人们栽种、玩赏，作为我国本土原生多肉植物的瓦松和它的近亲也变成了园艺新宠。其实，瓦松所属的景天科占据了多肉植物的半壁江山。

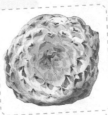

植物文化课

野草新贵 我行我素

瓦松寻瓦而居，随遇而安，花败即死，这些特性被古时的文人士大夫们所欣赏。开花时不需要谄媚权贵，攀附乞怜，也不因自己出身卑微而怨天尤人，这些都是瓦松身上最值得赞颂的品质。

瓦松赋（节选）
唐·崔融

进不必媚，居不求利，芳不为人，生不因地。其质也菲，无忝于天然；其阴也薄，才足以自庇。

趣味手工课
种植多肉植物

春秋两季是繁殖多肉的最佳时间。利用它"叶片分身术"的特点，选择合适的叶片进行扦插繁殖。

1.准备一个底部有排水孔的小花盆，在花盆里填满疏松、透气、排水好的沙质土。

2.把多肉叶片平铺在带一点潮湿的土面上，将育苗盆放在通风透光的地方，避免阳光曝晒。

3.如果有萌发的小芽或根系，将小根浅埋在土里。

植物观察课

果实：
　葖葖果，5枚，长圆形。
　种子卵形，细小。

花：
　圆锥点状花序，塔形，
　花小，淡粉色，花瓣5
　枚，红色。

叶：
　肉质，短棒状，常聚集呈
　莲座状。

牧草之王

苜蓿

别名： 草头、紫苜蓿
英文名： Alfalfa
科： 豆科
花期： 6~8 月
分布地区： 全国各地均有野生或栽培

《史记》记载："马嗜苜蓿，汉使取其实来，于是天子始种苜蓿、蒲陶肥饶地。"两千多年前的西汉，苜蓿通过大名鼎鼎的丝绸之路被引进中原，是我国栽培历史久远的牧草。因花为紫色，又称紫苜蓿。年年岁岁，由南至北，总能看见它的一丛浓绿，三叶小巧玲珑，摇曳着紫色的蝶形小花，成为大地上一抹不容忽视的亮丽。

植物科学课

破垄斜耕苜蓿田

农谚曰："种几年苜蓿，长几年好麦。"种过苜蓿的土地之所以能使其他作物获得高产，原因就在于苜蓿发达的根系。通过根瘤中共生的根瘤菌，苜蓿的根能从空气中固氮，合成蛋白质。待到根腐烂后，就能形成大量腐殖质，可以很好地改善土壤结构。

苜蓿满川胡马肥

苜蓿是汉朝风行一时的珍贵植物。张骞通西域带回了葡萄和苜蓿的种子，栽种牧草苜蓿一度风靡中原，甚至连汉武帝的离宫也成了种植园。苜蓿的鲜草蛋白质含量能达到惊人的6%，用来饲养良驹再合适不过。

开遍南北的苜蓿花

我国共有13种苜蓿，常见的除了开紫花的苜蓿，还有一种它的近亲——开黄花的黄花苜蓿，也叫南苜蓿，叶子呈卵形。在江南，它常被称作金花菜或苜蓿头，叶片更纤薄柔嫩，是春天的一口清香。得益于人工培育，现在一年四季都能品尝到清炒草头或酒香金花菜这两道苜蓿名菜了。此外，还有一种花色为红黄相间的花苜蓿，在草原上很常见，也是我国内蒙古等地的天然牧草。

植物文化课

长宜饲马 为羹甚香

汉武帝从大宛国获得的宝马良驹吃不惯中原的牧草，直到张骞从西域带回苜蓿种子，才让宝马吃上了肥美的苜蓿。鲍防的"天马常衔苜蓿花"、杜甫的"宛马总肥春苜蓿"，都是对苜蓿的写照。唐朝薛令之不畏权贵、廉洁不阿的故事为士大夫们津津乐道，陆游的诗句"苜蓿堆盘莫笑贫"便是最好的印证。

送刘司直赴安西

唐·王维

绝域阳关道，胡沙与塞尘。
三春时有雁，万里少行人。
苜蓿随天马，葡萄逐汉臣。
当令外国惧，不敢觅和亲。

南苜蓿

花苜蓿

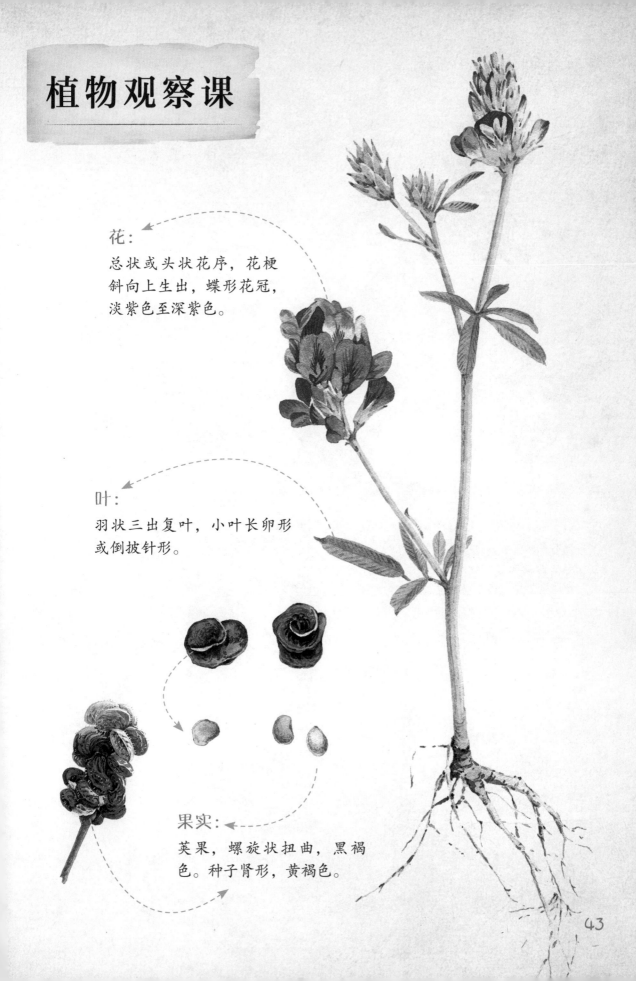

植物观察课

花：

总状或头状花序，花梗
斜向上生出，蝶形花冠，
淡紫色至深紫色。

叶：

羽状三出复叶，小叶长卵形
或倒披针形。

果实：

荚果，螺旋状扭曲，黑褐
色。种子肾形，黄褐色。

蕺（jí）菜，人们日常称作鱼腥草。《吴越春秋》记载，越王勾践有口臭的毛病，谋臣范蠡献计号召越国民众都采摘食用鱼腥草，这样越王就不必为口臭感到尴尬了。如今，随着人们追求自然养生，这鱼腥味的野菜已经成为餐桌上的常见食物。

蕺菜

消炎草王

别名：鱼腥草、折耳根、侧耳根

英文名：Cordate Houttuynia

科：三白草科

花期：4~8 月

分布地区：分布于我国中部、东南至西南各省区

植物科学课

水畔的绿色卫士

鱼腥草喜欢阴湿的环境，在溪流旁的湿地、树荫下，山坡的背阴处，可以看到它成片地生长。它生长速度惊人，常作为观赏植物，栽培在水畔，形成一片翠绿。鱼腥草还有吸收水中重金属和有害物质的特性，在改善水质方面有着不可忽视的贡献。

猜不透的真假花瓣

鱼腥草乍看上去好像有4片清新脱俗的白色花瓣，其实这是它的苞片，中间看上去像花蕊的黄色部分才是它真正的花。严格来说，这也不是一朵花，而是由许多小花聚集而成的穗状花序。苞片大面积的色彩反差是为了吸引传粉者。美丽的四照花、红色心形的红掌，实际上也是苞片。

四照花

红掌

植物文化课

盘羞野味 借物抒怀

鱼腥草带有一种臭臭的鱼腥味，在我国南方，鱼腥草的嫩叶和根茎被当作野菜直接食用，特别是湿热的川、滇、贵地区。鱼腥草具有治疗慢性炎症、散热消肿的功效，为食客们钟爱。

鱼腥草是越王勾践在吴国忍辱负重而罹患口臭之疾的见证者，无论是王十朋的"盘羞野菜当含香"，还是张以文的"何暇重言采蕺时"，都提到了勾践食鱼腥草的典故。

偶游石盎僧舍（宣州作）（节选）

唐·杜牧

敬岑草浮光，句沚水解脉。

益郁乍怡融，凝严忽颓坼。

趣味手工课

自制鱼腥草茶

端午节，人们买来艾蒿和菖蒲挂在家门口，也会捎带买一把鱼腥草、夏枯草、车前草，清洗后切段阴干泡茶。到了盛夏酷暑，用开水冲泡鱼腥草茶，再加适量冰糖，入口清淡，后味回甘，鱼腥草茶是夏日解渴消暑的良饮。

植物观察课

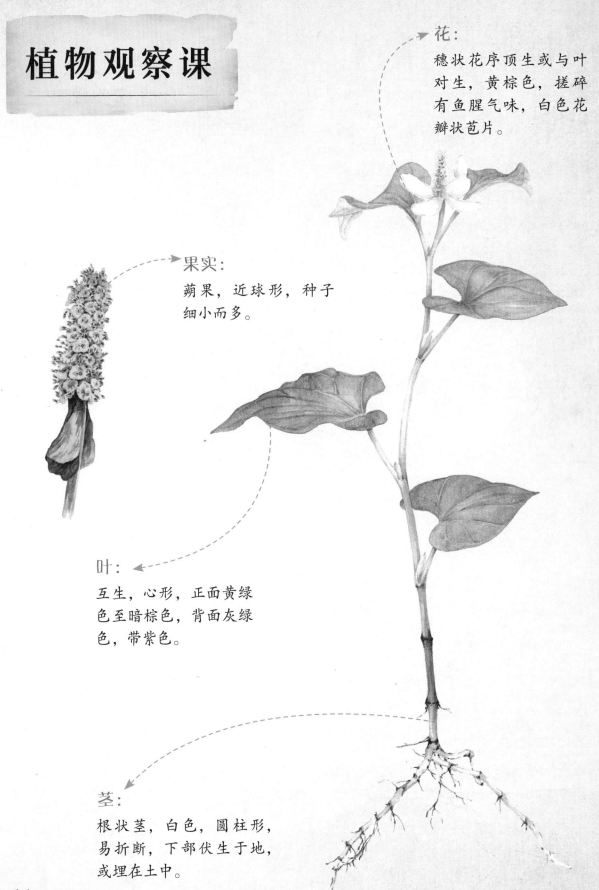

花:
穗状花序顶生或与叶
对生，黄棕色，搓碎
有鱼腥气味，白色花
瓣状苞片。

果实:
蒴果，近球形，种子
细小而多。

叶:
互生，心形，正面黄绿
色至暗棕色，背面灰绿
色，带紫色。

茎:
根状茎，白色，圆柱形，
易折断，下部伏生于地，
或埋在土中。

早开堇菜

早春的堇色仙子

别名：泰山堇菜
英文名：Violet
科：堇菜科
花期：4~5 月
分布地区：我国各地均有分布

早开堇菜，就是早早就开花的堇菜。在华北地区，3月就可以看到它零星开花，用一抹亮丽的紫色点缀春色。

自古以来，早开堇菜就被人当作野菜食用。近年来，早开堇菜也被大量栽种在城市的园林中和道路旁，虽然植株低矮，贴地而生，但一片片紫色的花朵成为春日别致的风景。

植物科学课

神奇的能量根

从功能上说，早开堇菜的根是一种"贮藏根"，它会把能量积蓄在根内，用来过冬。等春季开花之后，根中的能量消耗尽了，它会再生长出一条新的直根，重新储存能量。

贮藏根属于一种变态的根系，由于贮藏大量养料，从而变成了肥厚多汁的根。常见的拥有贮藏根的植物还有萝卜、红薯等。

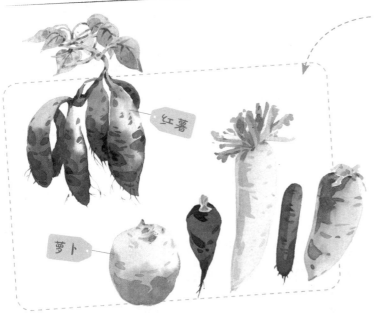

红薯

萝卜

如何分辨紫花地丁和早开堇菜？

在全国南北地区都有分布的紫花地丁，通常在4月才进入盛花期，比早开堇菜要晚。通过观察它们的叶片可以区分两者：紫花地丁的叶片更为狭长，叶基部为截形或楔形；早开堇菜的叶子略偏卵形，叶基部是钝圆或楔形的。

紫花地丁

早开堇菜

热闹纷繁的堇菜大家族

堇菜，在我国有110种之多，常见的包括早开堇菜、心叶堇菜、斑叶堇菜、紫花地丁。最经典的堇菜花色，是那种有点像紫色，又有点像深粉红色的，这种色彩有个专有名称——堇色。除了堇色系列，堇菜家族还拥有花色亮黄的双花堇菜，像猫脸花的三色堇，以及三色堇的迷你版，但花色却更为丰富的角堇。

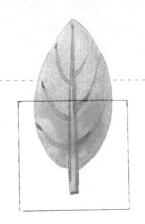

楔形	心形	圆形	截形

戟形	箭形	偏形	具耳

三色堇

角堇

双花堇菜

堇菜大家族

学会"看叶识堇"

各种堇菜的花看上去都比较相似，可以通过观察它们的叶形以及叶基形状来区别它们。叶基指的是叶片的下部与叶柄或茎相连的部分。要知道，很多堇菜甚至是以它独特的叶形来命名的：比如戟叶堇菜的叶基部为戟形，心叶堇菜的叶片形状是个明显的心形，裂叶堇菜的叶子分裂为许多细条。

神奇的闭锁花

有的堇菜家族成员还拥有一种神奇的闭锁花，这是不同于春季开放的完全花的另一种花。闭锁花的花朵根本不绽放，当然也非常不起眼，它完全不需要昆虫来传粉，直接通过"自产自销"来实现自花传粉。

植物产生闭锁花进行"自花传粉"，是被子植物适应环境的一种非常有效的繁殖保障策略。常见的自花传粉植物有豌豆、小麦和大麦，尤其是在有低温或高湿度等不利于传粉的环境条件下。

小麦花

大麦花

豌豆花

蝴蝶花开 典雅轻盈

古人所说的堇菜包括了现在的早开堇菜、紫花地丁、戟形堇菜等。《诗经》中就有关于堇菜的记载了——"周原膴膴（wǔ），堇荼如饴"。作为春季早开花的植物，早开堇菜常常被诗人用来描绘春天的景象，"山色悠然堇菜香""花开堇菜深"，都展现出了春的盎然生机和美好景象。

诗经·大雅·绵（节选）
周原膴膴，堇荼如饴。
爰始爰谋，爰契我龟。
曰止曰时，筑室于兹。

"巫师帽"暗藏的智慧

早开堇菜，和大多数堇菜一样，在花朵的后部有一个短棒细筒状的结构，像个小尾巴，它是由一片花瓣特化而来的，植物学家给它起名为距。它让整朵花的模样看上去就像一顶小巧的巫师帽。花朵的雄蕊会生成蜜腺，在距中生成花蜜。藏在距深处的蜜会引诱昆虫钻入花中，从而实现花的传粉。

植物观察课

果实：
蒴果，长椭圆形，成熟时裂开为3瓣。种子多，小米大小。

花：
单生，长花梗从叶丛中伸出，花冠粉紫色，略呈左右两侧对称，花瓣5枚。

叶：
大多数是从植株基部萌生出来的，花期叶片为长圆状卵形，果期叶片增大，呈三角状卵形。

萝藦

风中的大号伞兵

别名： 斫合子、羊婆奶、
婆婆针线包
英文名： Japanese
Metaplexis
科： 夹竹桃科
花期： 7~8 月
分布地区： 我国东北、华北、
华东、华中等地均有分布

　　萝藦这种蔓生野草主要生长在荒地、树丛旁。初冬时节，草木凋敝，萝藦的藤条已经枯黄，藤上纺锤形的果实静静地被阳光照射，一旦果壳干裂，啪的一声，裂开一道缝隙，里面安静等候多日的伞兵们随即从"跳伞仓"的"仓门"跳出，乘风而去。冬日里，你看见随风飘荡的"背着大号降落伞"的家伙们，很可能就是萝藦的种子。

植物科学课

甜嫩的羊角果

萝藦的果实形似羊角，剥去它青色的外壳，嫩嫩的果实香甜爽口。晚秋初冬时，萝藦果实完全成熟。等种子都飞走后，果实的外壳好似一只小水瓢，也像个针线包，因此，萝藦也被称为婆婆针线包。

踊跃的伞兵

萝藦的种子和蒲公英的种子有些相似，只是个头大得多，但萝藦的"降落伞"没有蒲公英那种长长的"伞柄"。它们并不会像蒲公英的伞兵那样等风来，而是在果壳裂开的刹那间就展开绢毛，一"涌"而出，飞去远方。萝藦的种子可用来代替棉絮，制成松软轻盈的衣物。

植物文化课

芄兰之支 能不我知

萝藦最早出现在《诗经》中，那时的名字叫芄（wán）兰。因其果实的造型与古时一种名为"觿（xī）"的锥子形状相似，而这种解绳结的工具只有成人才可以佩戴，小孩戴着它与礼法不符。芄兰因恬淡的香味而被古人用来寄托君子内敛而不张扬的品格。

诗经·卫风·芄兰

芄兰之支，童子佩觿。
虽则佩觿，能不我知。
容兮遂兮，垂带悸兮。
芄兰之叶，童子佩韘（shè）。
虽则佩韘，能不我甲。
容兮遂兮，垂带悸兮。

夹嘴的花儿

萝藦的花有一种特殊的结构，雄蕊和雌蕊合生在一起，植物学家给它起名为合蕊冠。合蕊冠的深处藏有香甜的花蜜，当蜂类、蝶类等昆虫吸食花蜜时，有可能会被雄蕊夹住口器。当它用力拔出口器时，花粉就掉落下来，被这位"食客"带去授粉了。

夹竹桃科萝藦亚科中的很多成员都有合蕊冠的结构，如鹅绒藤，只是它的花朵比较小，昆虫们能够轻易地"拔嘴就走"。

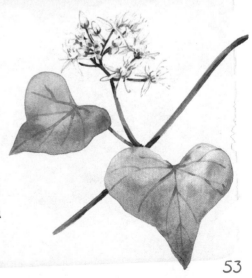

53

植物观察课

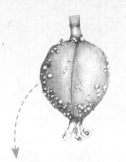

果实：

果实：

蓇葖果，纺锤形，表面凹凸，成熟后干燥裂开。种子顶端有白色绢质种毛。

花：

花小，近似钟形，花瓣有点毛茸茸的，5裂，微向外翻卷，像个小海星；花色为深浅不同的紫粉色或白色。

叶：

对生，形状像拉长的心形，叶面是浓绿色，背面是浅粉绿色。

白车轴草

幸运特使

别名: 荷兰翘摇、白三叶、三叶草
英文名: White Clover
科: 豆科
花果期: 5~10 月
分布地区: 我国各地均有分布

　　你一定见过长着三片小叶的三叶草,豆科车轴草属和苜蓿属、酢浆草科酢浆草属的一些拥有三出复叶的草本植物被通称为三叶草。但三叶草最初指的是白车轴草。每年从五月到十月,繁星般的小花渐次开放,无数花球形成一片素净的花海,散发着淡雅的香气,引来蜜蜂和蝴蝶翩翩起舞。白车轴草长长的叶柄上长着掌状的三出复叶,每片小叶上都有马蹄形的白色斑纹,三片小叶上的纹路共同围成近似三角形的有趣图案。三叶草在变异情况下会出现四叶,传说找到四叶草就能带来幸福和幸运。

植物科学课

蝶形花冠里的甜蜜

白车轴草的球状花序上密密麻麻地生长着几十朵白色的小花，仔细观察，每朵小花都有豆科植物典型的蝶形花冠。这些小花自下而上依次开放，开放后随即下垂，为上面将要开放的小花提供空间。可不要小瞧这些小小的花，它们蕴含着丰富的蜜腺，是蜜蜂们青睐的重要食物。

代言幸运的真实原因

在自然情况下，白车轴草长出额外的小叶，其实是一种变异情况。在叶芽分化过程中，受到温度、激素或病毒侵染的影响，导致叶片发育基因的表达出现异常，从而产生额外的小叶原基。这种情况出现的概率大约只有万分之一，因此，找到四叶草，甚至五叶草，真的是难得的幸运。

另一种常见的"三叶草"

如果三叶草的小叶是爱心形的，那么你见到的就是时下更出名的另一种三叶草——酢(cù)浆草了。它的茎叶尝起来是酸的，属于酢浆草属。它除了标志性的心形小叶外，还会开五颜六色的五瓣小花。

植物文化课

祈愿吉祥 幸运相伴

三叶草象征着幸运和吉祥，是现当代诗人的宠儿。在梁小斌的笔下，三叶草就承载了人们对美好生活的追求，以及对未来的向往与希望，暗示了在面对生活中的挫折和困惑时的那份坚持不懈、勇于找到自己的信心和勇气。

中国，我的钥匙丢了（节选）
梁小斌

心灵，苦难的心灵
不愿再流浪了，
我想回家，
打开抽屉、翻一翻我儿童时代的画片，
还看一看那夹在书页里的
翠绿的三叶草。

味道极好的牧草

白车轴草作为优良的饲料植物，具有豆科家族的一项特殊本领，就是在根系上会产生根瘤，即使在并不肥沃的土地上，也能聚集较多的蛋白质，成为牛羊等牲畜的牧草。在我国很多地区白车轴草都以经济作物的身份存在，给人们带来丰厚的经济收入。

植物观察课

花：
小，花冠白色，球形头状花序，具香气。

叶：
叶柄长，复叶小叶3枚，小叶倒卵形，深绿色。

茎：
细长柔软，匍匐蔓生。

果实：
荚果，长圆形，每荚有3粒种子，细小近圆形，黄色。

自宋朝以来，牵牛花常被栽种观赏。牵牛花生命力强，生生不息。夏秋季的早上，迎着第一缕阳光，牵牛花款款盛开。房前屋后，篱笆围栏，路旁山坡，总能看见牵牛花可爱的身影。

牵牛

勤劳的花朵

别名：喇叭花、勤娘子

英文名：Morning Glory

科：旋花科

花期：6~9 月

分布地区：我国大部分地区都有分布

植物科学课

牵牛花为什么会变色？

牵牛花的颜色通常是蓝色，但如果处在酸性环境中时，它的花色会变为红色。这主要是因为它花瓣中的花青素和细胞中的酸碱度有着密切的关系：在碱性环境中色素表现为蓝色，在酸性环境中色素表现为红色，在中性环境中色素表现为紫色。

"内卷"的代表

旋花科绝对是植物界内卷的代表。这个缠绕藤本的大家族，拥有白薯、空心菜、牵牛花、菟丝子这些爬蔓成员。牵牛花体内的一种生长素，既能加速、也能阻碍细胞的生长，时快时慢造就了牵牛花的茎旋转而生，缠绕攀爬。

大豆（菟丝子）

空心菜

菟丝子

那些长得像牵牛花的小花

打碗花和田旋花也是非常常见的野草，开在春末夏初，花形都是喇叭状的，颜色有淡粉色、白色或粉红色。它们都属于旋花科，人们常把它们统称为野喇叭花。

打碗花

田旋花

59

植物观察课

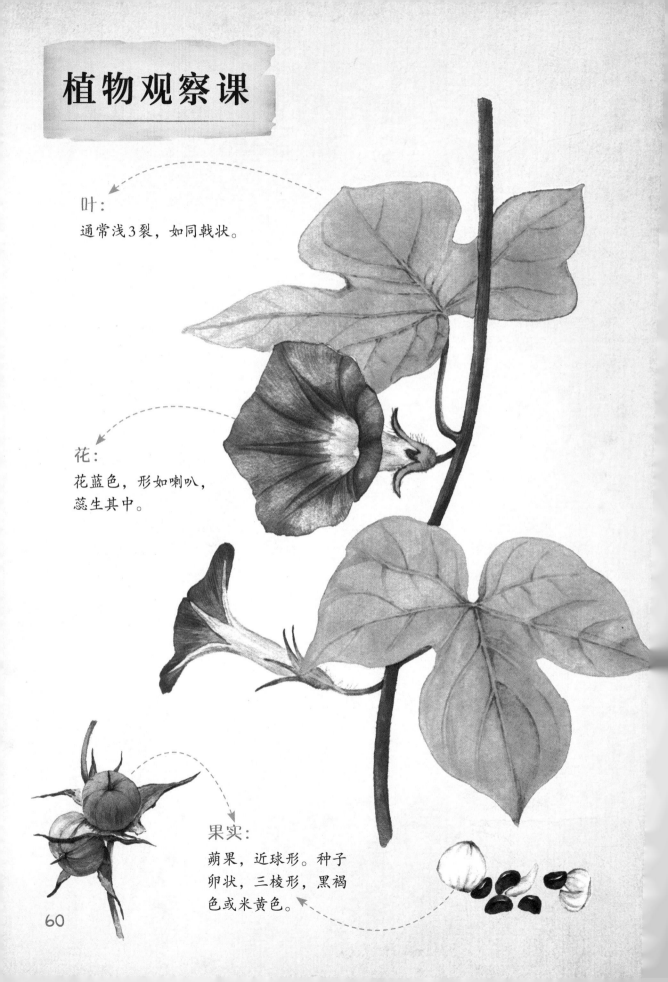

叶：
通常浅3裂，如同戟状。

花：
花蓝色，形如喇叭，
蕊生其中。

果实：
蒴果，近球形。种子
卵状，三棱形，黑褐
色或米黄色。

薰衣草

紫色花海的浪漫

别名: 灵香草、香草
英文名: Lavender
科: 唇形科
花期: 6~7月
分布地区: 我国多地有种植

　　薰衣草被誉为"香草之后""芳香药草",是全球最受欢迎的香草之一。古代欧洲贵族时常用它来熏衣,由此得名。虽然名叫"草",它却是矮灌木,枝条是木质化的。如今,这原产于欧洲地中海地区的紫色花海蔓延到了世界多地,也在我国多地安家落户,新疆伊犁河谷成为世界三大薰衣草产地之一,被誉为中国的"薰衣草之乡"。

植物科学课

有香味的腺毛

薰衣草有特别的结构，名叫腺毛。腺毛具有多细胞结构，分布在茎、叶和花萼的表皮上。花萼上分布的腺毛最多。腺毛角质层的内层可以分泌有芳香气味的精油，就是这种一触即发的香味，让它成为名副其实的熏衣服的草。

真假薰衣草

薰衣草对生长环境非常挑剔，我们身边常见的一些紫色花草并不是薰衣草。成片的柳叶马鞭草，远看也是一片紫色的花海，但仔细观察你会发现它的花序是聚伞花序，花是中心对称的五瓣小花。另一种蓝花鼠尾草，开着穗状的紫花，花冠也是唇形，但仔细观察会发现它的叶子是长椭圆形的宽叶，和细长的薰衣草叶有很大的差别。

柳叶马鞭草

蓝花鼠尾草

古往今来的尊贵芳香

古罗马人把薰衣草的花朵加入沐浴水中，今天人们仍然在用它为洗干净的衣物增添香味。此外，薰衣草也是护肤品和香水中的常客，薰衣草精油更是已知所有芳香疗法中用途最广、最安全的一种精油，具有清热解毒、清洁皮肤、促进受损组织再生恢复的功能。

植物文化课

紫艳花海 浪漫爱情

在欧洲文化中，薰衣草是和爱情联系在一起的，被看作是爱情的象征。得益于大片的薰衣草，今天法国的普罗旺斯成为浪漫与文艺的代名词。薰衣草油膏在汉代就传入我国，但薰衣草却是在20世纪60年代才被引进种植的。

植物观察课

花:
紫蓝色小花, 轮伞花序在枝顶聚集成穗状, 唇形花冠。

果实:
椭圆形, 光滑, 有光泽。

叶:
细长, 具有灰色的绒毛。

薄荷

清凉宝草

别名： 夜息香、野薄荷
英文名： Mint
科： 唇形科
花期： 7~9月
分布地区： 我国大部分省区均有分布

薄荷家族，是世界三大香料之一，是具有特殊经济价值的芳香作物。薄荷多生长在水边潮湿的地方，轻轻触碰，那萦绕在指尖的馥郁清香，顿时让人神清气爽，消暑解忧。薄荷春季萌生，从夏季开始便陆续开花，立秋后是它最旺盛的开花时期。

植物科学课

薄荷味的清凉

薄荷味是一种综合的感官刺激：清凉的、略带甘甜的青草味。薄荷中的薄荷醇就是清凉感的主要来源，它能激活口腔中三叉神经的冷感感受器，引发冷感，好像在嘴里吹空调，其实，这种清凉的味道只是一种幻觉。

香料薄荷来自薄荷吗？

从植物学的角度来说，留兰香薄荷也是一种薄荷，又名绿薄荷，从中提炼出的芳香油，就是牙膏用的香料，也用来制造薄荷糖、口香糖、冰糕，带有一种清凉舒爽的薄荷味。留兰香的花一般是开在茎顶，薄荷花开在叶腋。

猫薄荷能醉猫吗？

被称为"猫薄荷"的实际是一种名为荆芥的植物，它也属于唇形科，不但外形和薄荷相似，也同样具有特殊的清香气味。这种神奇的植物，因含有荆芥内酯等化学物质，会刺激猫咪的感觉神经元，使它们兴奋。

药食两用的佳品

薄荷常用来制作饮品、甜品，清凉解暑，如手打薄荷柠檬茶、薄荷冰激凌、薄荷蛋糕、薄荷凉粥等。薄荷全草可入药，具有疏风散热、清凉解毒的功效，可用于治疗感冒、鼻塞、头疼、咽痛等病症。常见的清凉油、感冒清凉颗粒、银翘颗粒等药品，都含有薄荷成分。薄荷入菜可去除肉类的腥味，吃起来不那么油腻，如薄荷煎蛋饼、薄荷排骨等，特别是在云南菜里，薄荷更是羊汤、牛肉锅不可缺少的灵魂材料。

中国古老的五大香草植物

东方的香草植物像隐士一般低调，除了薄荷，另外四大香草植物也一点都不逊色。荆芥具有强烈香气，叶片味道鲜美，嫩尖一般作为夏季调味料。紫苏，在我国种植约有两千年历史，常被用来烹制各种菜肴。藿香不仅是一种用途广泛的中药，传统菜肴和民间小吃也常用它来丰富口味。艾草的叶片味道似柠檬，用途非常广泛。

植物文化课

此薄荷非彼薄荷

诗词中薄荷常与猫同时出现，陆游的《题画薄荷扇》一诗中就完美呈现了这一生动画面：猫咪闻到薄荷散发出的芳香，变得异常兴奋；吃上几口后，憨态百出，如同醉酒一般。其实，猫薄荷是荆芥属中的一类植物，不属于薄荷属。薄荷与猫薄荷这美好的误会真是流传了几百年。

题画薄荷扇二首（其一）

南宋·陆游

薄荷花开蝶翅翻，

风枝露叶弄秋妍。

自怜不及狸奴黠，

烂醉篱边不用钱。

植物观察课

叶：

对生，椭圆形至披针形，叶缘有粗大锯齿。

花：

轮伞花序，花冠淡紫或白色，开在紧靠茎的叶腋处。

果实：

小坚果，卵球形，黄褐色。

车前

天然玩具的鼻祖

别名： 平车前、猪耳朵、车前草
英文名： Asiatic Plantain
科： 车前科
花期： 4~8 月
分布地区： 在我国各地广泛分布

斗草是我国民间古老的游戏：一人一根草棍儿，相互交叉，双手紧握草棍两端，一起发力，看谁先把对方的弄断，谁就获胜。斗草最正统的道具便是车前的纤细柔韧的棍形花序。车前具有顽强的生命力，即使车轮碾压过去，仍能向上生长。它主要生长在荒地和草丛中，春日萌发，叶片贴地生长，细长的花序直挺挺地伸向天空，在春风中摇曳。

植物科学课

一草两宝

干燥的车前入药为车前草，干燥成熟的车前种子入药为车前子。车前草和车前子作为中药材都有着悠久的历史，前者清热解毒、清血热，后者清肝热、明目。

车前属的家族成员

长在湿地水边的大车前是车前草的近亲，叶片大如手掌，边缘多皱褶，古人还给这种车前草起了个别名——蛤蟆衣，它宽大的草叶真的好像给藏在下面的蛤蟆披了件大衣。

趣味手工课
点头的叶子

摘下车前草的叶片，在叶柄处沿叶脉剥出几条坚韧的叶脉细丝，轻轻地向下拉动这几条筋，会牵动叶片上端向前弯曲，就好像叶片在点头。

植物文化课
雷神之草 采采芣苢

《诗经》记载："采采芣苢（fú yǐ），薄言采之。"芣苢，指的就是车前。这篇规整的短歌生动地描写了妇女们边唱歌边采摘车前的欢乐情景。为什么采摘那么多车前，众说纷纭，其中一种说法认为是把车前当作野菜食用。

诗经·周南·芣苢
采采芣苢，薄言采之。
采采芣苢，薄言有之。
采采芣苢，薄言掇之。
采采芣苢，薄言捋之。
采采芣苢，薄言袺之。
采采芣苢，薄言襭之。

接地气的叶和芽

车前草并没有明显的地上茎，它的叶子聚集成一簇，紧贴于地面，像个莲花座。冬天，这些叶子中间蕴藏着嫩芽，就是它的地面芽。这些娇嫩的芽被枯枝或积雪覆盖，就好像盖着一层棉被，保护它们顺利过冬，待春暖时萌发。

植物观察课

花：
棍形穗状花序，许多小花聚集在花序顶端，毛茸茸的部分是雄蕊。

果实：
蒴果，聚集成棒状。

叶：
基生，呈莲座状，叶长圆形，灰绿色，有明显的3~7条纵向弧形脉。

忍冬

耐冻的鸳鸯藤

别名：金银花、鸳鸯藤

英文名：Honeysuckle

科：忍冬科

花期：4~6 月

分布地区：分布于我国东北至西南大部分省区

　　忍冬耐受严寒，在冬季也不落叶，一如松竹般凌寒傲雪，为冬日带来生机勃勃的苍翠。明清两代的文人们颇爱忍冬，常将其栽种在书斋庭院之间。凌冬不凋，这顽强的生命力惟妙惟肖地诠释了它名字的深意——忍冬。忍冬为木质藤本植物，枝条遒劲，盎然蔓延，优美曲折地缠绕匍匐着生长。忍冬初夏时花开，花期可绵延至秋日。花初开时为白色，后渐变为淡黄色，又转金黄色。忍冬花期颇长，此花凋谢，彼花又开，满藤常见黄白两色花，故而俗称金银花。

植物科学课

成双成对的鸳鸯藤

忍冬花一般成双成对地生长在叶腋处，花下部合生为细管状，上部的花冠张开，翘首的姿态仿如鹭鸶鸟；金银二色又宛如鸳鸯相伴，故而别名鸳鸯藤。

忍冬花色因何善变

忍冬花色的变化主要和它花冠中叶绿素和类胡萝卜素的含量变化有关。在花蕾期由绿色变白色的过程中，叶绿素含量下降，类胡萝卜素含量也下降；在由白变黄时，类胡萝卜素的含量会急剧增高，白色的花冠就变成了金黄色。

金银花

金银木

金银木又是谁？

除了攀缘在墙壁藩篱上的藤本金银花，你可曾留意到一种树木也会开类似的花朵？它就是忍冬的近亲——金银木，是一种落叶大型灌木，也常作为绿化观赏之用。金银木春末夏初时开花，金银相映，清雅芳香；金秋时节，红果累累。金银花的花为攀缘枝条上的花朵，而金银木则是挺拔枝条上的花朵。金银花的果实为黑色，金银木的果实则为红色的浆果。

植物文化课

凌寒不凋　藤绽金银

"藤缠跨岩谷，不与众草伍"，忍冬不与普通花草为伍，在冬日直面霜雪的风骨为诗人们赞颂。此外，它还凭借生命力顽强的特质，被人们寄予多福多寿、长寿万年的美好愿望。人们喜爱忍冬，并把忍冬纹作为一种独特的装饰图案，传承千古。

余杭

宋·范成大

春晚山花各静芳，

从教红紫送韶光。

忍冬清馥蔷薇酽，

薰满千村万落香。

趣味手工课

烹一壶金银花茶

1. 准备金银花10克。
2. 用水煮沸金银花后，去渣饮用。

植物观察课

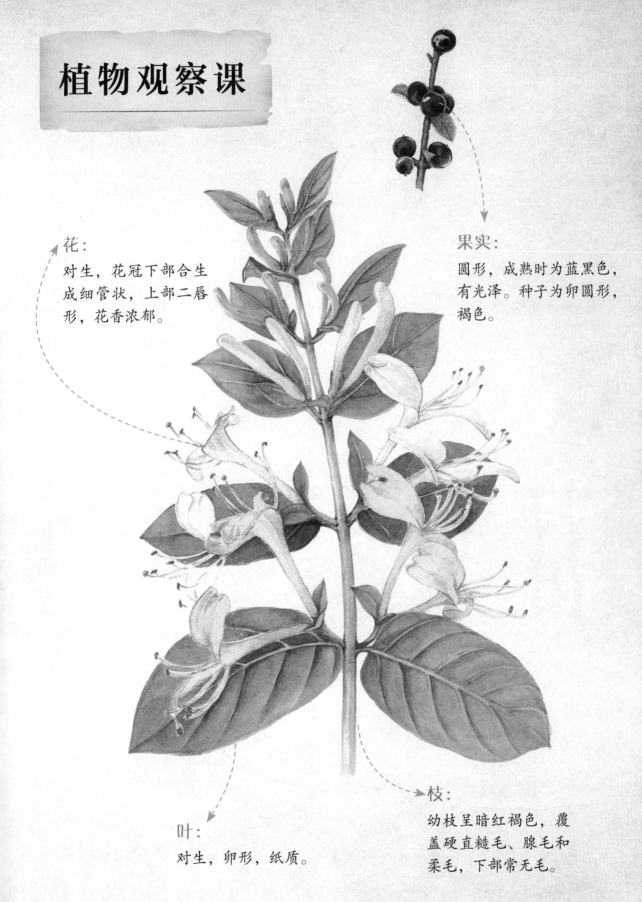

花：
对生，花冠下部合生成细管状，上部二唇形，花香浓郁。

果实：
圆形，成熟时为蓝黑色，有光泽。种子为卵圆形，褐色。

叶：
对生，卵形，纸质。

枝：
幼枝呈暗红褐色，覆盖硬直糙毛、腺毛和柔毛，下部常无毛。

苍耳

有毒的刺头儿

别名： 羊负来、耳珰草
英文名： Siberian Cocklebur
科： 菊科
花期： 7~8 月
分布地区： 全国大部分省区都有分布

苍耳常见于荒地、路旁、草丛中或山坡上。它营养充足时能长到近1米高，但在贫瘠的环境里可能只有20厘米高。苍耳的果实可不好惹，不仅扎人，而且种子的毒性也非常大。它的花很小，是单性花，雄花聚集成小球的样子，而雌花就更不显眼了。你可能从来都没有注意到它的小花，等留意到它的时候，它已经结出带刺的"果实"。之所以给果实打上引号，是因为它们并不是真正意义上的果实，植物学家给它的准确名称是"具瘦果的成熟总苞"。

植物科学课

苍耳的妙用

古代遇到灾荒时，苍耳也被当作野菜，但处理不当会有中毒死亡的风险。明代《救荒本草》中描述了苍耳嫩苗叶和苍耳子的食用方法，需要经过烦琐的处理，之后才能食用。因苍耳全株有毒，现在并不推荐食用。苍耳的果实可以入药，具有祛风的功效。今天，它的种子还被用来榨油，苍耳子油和桐油的性质相似，作为原材料用于油墨、肥皂以及润滑油的制造。

外来的杂草占上风

近年来，一种原产于意大利的苍耳越来越多地出现在我们身边。它的果实比苍耳结得更多，个头也更大，上面的尖刺更密集，刺上还带有小刺。这种外来入侵的杂草几乎要把本地苍耳的地盘抢夺完了。

"植物妈妈有办法"的典范

部编版小学二年级语文（上）课本中有一篇课文《植物妈妈有办法》，里面就写到了苍耳："苍耳妈妈有个好办法，她给孩子穿上带刺的铠甲。只要挂住动物的皮毛，孩子们就能去田野、山洼。"植物传播种子的方法之一就是靠动物来传播。成熟的苍耳果实全身长满刺，这些刺非常容易附着在动物的皮毛上，于是，果实就搭着这些"顺风车"开始了"草生"的初次冒险。

植物文化课

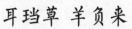

耳珰草 羊负来

西晋文学家陆机给苍耳起了一个优雅的名字——耳珰草，大概是因为它结成的果实形状非常像古时妇人佩戴的一种叫作耳珰的耳饰。在西晋张华编著的《博物志》中写道，原本中原地区没有苍耳，是有人赶着羊群从蜀地来，苍耳的果实粘在羊毛上被带进中原的，苍耳由此多了个"羊负来"的别名。诗人李白也曾被这些刺球"欺负"过一次，还专门为它留下了诗句。

寻鲁城北范居士失道落苍耳中见范置酒摘苍耳作（节选）

唐·李白

城壕失往路，马首迷荒陂。

不惜翠云裘，遂为苍耳欺。

苍耳带来的仿生学启发

生活中常见的魔术贴、尼龙搭扣的结构就是受苍耳的启发而制作的。20世纪50年代，一位被苍耳扎过的瑞士工程师经过半年时间的试验，创造发明出了这种新型搭扣。A布上织有许多钩状物，就像苍耳一样布满芒刺；而B布摸着像个绒面，上面织有许多细小纤维毛圈，A、B两块布轻轻对贴，就能紧紧地粘在一起了。

植物观察课

花:
很小，雄花聚集成球形，绿白色，生长在花序的顶端。

叶:
互生，三角状的卵形或心形，叶缘有不规则的粗锯齿。

果实:
瘦果，果实外面包裹着带钩状小刺的总苞片。

艾

中国的魔法草药

别名： 艾草、艾蒿、五月艾

英文名： Chinese Mugwort

科： 菊科

花期： 7~8 月

分布地区： 我国各地多有栽种

　　也许你很难一眼认出它，但你对它一定不陌生。无论是清明的吃食——青团，还是端午时节门上插着的艾草；无论是最早的香包"艾符"，还是熏艾时那特殊的味道，生活中处处都有它的身影。野生艾草生长在河畔、山坡和路旁草丛间，披一身绿意，自由生长，浑身散发着独特的气韵。每年进入农历五月，艾香悠悠飘来，清幽而奇特。

植物科学课

古时的蚊香

古人把晒干的艾草茎叶编织成绳，制成艾绳或艾香，点燃时会散发出蒿属植物特有的气味，能驱赶蚊虫。这种蚊香被称作燃火绳。

染色青团的主力

清明时，采摘新鲜的艾草，碾压成汁，放入石臼和糯米一起春捣，米粉与汁液在上百次锤击之下交互融合，变成了青色，这便是江浙一带清明时的青团，咬一口，齿颊间都是清淡绵长的青草香气。

艾草与端午节

端午节插艾草的风俗可以追溯到南北朝时期。主要是因为艾草和菖蒲的气味有助于祛除毒气和病菌。端午也是采药的良辰吉日，人们会把采来的艾草、菖蒲和凤仙等煮成药水用来洗浴，据说可以治疗皮肤病，祛除邪气，这应该算是今天草药浴和芳香浴的鼻祖了。

植物文化课

辟邪驱鬼 寓意美好

在古代，艾指代一些美好事物，如尊称年老为"艾"；形容年轻貌美的女性为"少艾"；《诗经》称保养为"保艾"；《史记》也把太平无事称为"艾安"。可见古人对艾草的认可。

诗经·王风·采葛

彼采葛兮，一日不见，如三月兮。
彼采萧兮，一日不见，如三秋兮。
彼采艾兮，一日不见，如三岁兮。

黄花蒿的贡献

2015年，瑞典卡罗琳医学院宣布将诺贝尔生理学或医学奖授予屠呦呦和另外两名科学家，表彰他们在寄生虫疾病治疗研究方面取得的成就。青蒿素就是屠呦呦和她的团队从蒿属植物中提取的，这是中国科学家首次因在中国本土进行的科学研究获得诺贝尔奖。

更有意思的是，青蒿里是不含青蒿素的，青蒿素是从黄花蒿里提取的，主要原因是植物分类与中医药描述有所区别造成的。

植物观察课

花:

较小、头状花序，花冠紫褐色，雄蕊黄色。

叶:

互生，羽状分裂，叶片具有白色短柔毛。

果实:

瘦果，长圆形。

蒲公英

最富诗意的野草

别名： 黄花地丁、婆婆丁
英文名： Dandelion
科： 菊科
花期： 4~9 月
分布地区： 分布于我国大部分地区

你一定吹过蒲公英的毛球，看它宛如降落伞般的种子随风飘散。得益于这种天生极具飞行能力的构造，蒲公英走遍天下，随处安家，自由生长，是田野里最富诗意的野草。春夏时节，路边、田地里、河堤旁、草坪上，只要远远看见一两朵鲜亮的小黄花，基本就是蒲公英了。它的叶似莲座状平铺着，顶端开着朵朵金黄色的小花，美丽悠然。

植物科学课

蒲公英不是一朵花

蒲公英的一朵花，和菊花一样，是由许多小花聚集而成的一群花。绝大多数菊科植物都具有这种头状花序的特征。那些金黄色的"花瓣"其实是蒲公英的一朵小花，都生长在一个球形的基座上。每片"花瓣"内部都包裹着一根花蕊，花瓣的基部还环绕着一圈白毛。

乘风远行的小伞兵

蒲公英花瓣基部的这圈白毛，植物学家称它为冠毛，它是种子飞行时"伞的原材料"。蒲公英借助风力来传播种子，微风一来，随风飘散的"小伞"就带着它的种子飞向远方。

> 蒲公英妈妈准备了降落伞，
> 把它送给自己的娃娃。
> 只要有风轻轻吹过，
> 孩子们就乘着风纷纷出发。
> ……
> ——节选自二年级语文（上）
> 《植物妈妈有办法》

植物文化课

安之若素 柔韧顽强

蒲公英有着顽强的生命力，这样的性格被古今诗人所赞美。在不少现代诗歌中，蒲公英在受到凡人轻视和冷落的情况下，依然绽放出艳丽花朵，展现出不图虚名、心仪四方的可贵。

题邹一桂花卉小册
其二十五 蒲公英
清·弘历

蒲公英色黄如菊，

一柄惟擎一朵花。

三权九英太著相，

野范持此傲陶家。

春天不可错过的野菜

车前

清热利尿、解毒凉血

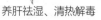

蒲公英

养肝祛湿、清热解毒

荠菜

养肝明目、通便养胃

植物观察课

花：

头状花序，黄色，花
莛上部紫红色。

叶：

基生，倒披针形，
基部渐狭成叶柄，
锯齿状。

茎：

无地上茎，茎全部在
地下，茎叶折断会有
白色乳汁状液体流出。

种子：

瘦果，倒卵状披针形，暗
褐色，上有白色冠毛，瘦
果和冠毛间有细柄连接。